ASTROLOGIE
AUS DER SICHT EINES PHYSIKERS

Eberhard Stock

ASTROLOGIE AUS DER SICHT EINES PHYSIKERS

*Dieses Taschenbuch widme ich meinem Großvater Oswald Stock
sowie meinen treu sorgenden Eltern Ida und Werner Stock,
die mich führten, informierten, aber niemals bevormundeten*

Bibliografische Information der Deutschen Nationalbibliothek:
Die Deutsche Nationalbibliothek verzeichnet diese Publikation
in der Deutschen Nationalbibliografie;
detaillierte bibliografische Daten sind im Internet über
http://dnb.d-nb.de abrufbar.

© 2013 Eberhard Stock
Satz, Umschlaggestaltung, Herstellung und Verlag:
BoD – Books on Demand
ISBN: 978-3-7322-6301-1

Leitsatz

„Du siehst die Welt so, wie es Dir Dein Verstand ermöglicht!"

Johann Wolfgang von Goethe

Vorwort

Es ist **nicht** Aufgabe dieses Taschenbuchs, astrologische Aussagen über unter bestimmten Sternzeichen geborene Menschen zu machen.

Es ist **auch nicht** Aufgabe dieses Taschenbuchs, die Vielzahl menschlicher Eigenschaften aufzulisten, zu erläutern oder sonst wie zu kommentieren.

Alleinige Aufgabe dieses Taschenbuchs ist es, die Astrologie auf ein festes, nachprüfbares und nachvollziehbares wissenschaftliches Fundament zu stellen! Dazu gehört es auch, den Rahmen abzustecken, innerhalb dessen astrologische Aussagen sinnvoll und glaubwürdig gemacht werden können. Und diese Aussagen von jenen Aussagen zu trennen, die wir berechtigterweise dem Aberglauben zuzuordnen haben.

Wie es zu diesem Taschenbuch kam

Im Verlaufe einer Zusammenkunft des Gesprächskreises „Man(n) trifft sich" im evangelischen Gemeindehaus in Prien äußerte sich einmal einer der Gesprächsteilnehmer sinngemäß folgendermaßen: Er halte die Astrologie für einen reinen Aberglauben. Er habe schon viele der in den Zeitungen abgedruckten Horoskope gelesen und festgestellt, dass das dort Vorausgesagte immer wieder nicht eingetroffen sei.

Da ich der Überzeugung war – und heute auch noch bin –, dass diese Meinung von sehr vielen Mitbürgern geteilt wird, hatte ich mich dazu entschlossen, dieses Taschenbuch zu schreiben. Darin wollte ich die Grenzen aufzeigen zwischen dem, was man von der Astrologie realistischerweise erwarten kann, und dem, was die Astrologie nicht leisten kann. Dabei habe ich mich bemüht, diese – meine – Ansicht nachvollziehbar zu begründen.

Inhaltsverzeichnis

Wie es zu diesem Taschenbuch kam	9
Grundbegriffe	13
Meine eigene Vorgeschichte zur Astrologie	15
Die Entwicklungsgeschichte der Astrologie	17
Welche Bedeutung den zwölf westlichen Tierkreiszeichen zukommt	19
Unser Sonnensystem	21
Meine Interpretationen	23
Zwei Beispiele	26
Astrologie und Erziehung	28
Was noch anzumerken wäre	33
Chinesische Horoskope	36
Überprüfungsmöglichkeiten	37
Zusammenfassung	38
Ausblick	39

Grundbegriffe

Astronomie: Exakte Naturwissenschaft von den Himmelskörpern.

Astrologie: Wissenschaft über den Einfluss von Himmelskörpern auf den Menschen. Noch im „Neuen Brockhaus" von 1958 heißt es unter dem Stichwort Astrologie: „Der Glaube, dass alles irdische Geschehen, bes. das Menschenschicksal, von den Sternen abhänge und dass man aus der Stellung der Gestirne, *der Konstellation*, Schicksale vorauserkennen könne. *(Horoskope)*".

Galaxie: Ansammlung von vielen Milliarden mehr oder weniger spiralförmig angeordneten Sternsystemen, welche um ein gemeinsames Gravitationszentrum kreisen. Die Galaxie, zu der unser Sonnensystem gehört, heißt Milchstraße.

Korona der Sonne: Die äußere leuchtende Hülle unserer Sonne.

Lichtjahr: Astronomische Entfernungsangabe. Ein Lichtjahr = 946 000 000 000 km.

Protuberanzen: Aus der Korona der Sonne eruptiv herausgeschleuderte elektrisch geladene Teilchen (überwiegend Protonen = Wasserstoffkerne und Elektronen). Ihre Bahnen sind durch das örtliche Magnetfeld der Sonne gebogen. Die Protuberanzen erreichen Höhen bis zu etwa dem zehnfachen Wert des Erddurchmessers!

Sonnensystem: Unser „Sonne" genannter Stern mit allen um ihn herumkreisenden Planeten, Asteroiden, Kometen und sonstigen Himmelskörpern, einschließlich der um die Planeten kreisenden Monde und sonstigen Himmelskörper.

Zenit: Der höchste Punkt im Himmel senkrecht über dem Haupt des Beobachters.

Meine eigene Vorgeschichte zur Astrologie

Mein Großvater und mein Vater haben beide in leitenden Stellungen in einem international tätigen Großunternehmen der Elektroindustrie gearbeitet. Beide waren daher allein schon aus beruflichen Gründen allen technischen Entwicklungen gegenüber sehr aufgeschlossen. Ganz anders meine Mutter. Sie hatte eine Lehre als Hutmacherin und später auch als Schneiderin absolviert. Außer für die jeweils neueste Mode interessierte sich meine Mutter für Horoskope, für Astrologie, für Graphologie und auch für die Kunst aus der Hand zu lesen. Alles Dinge für die mein Interesse gegen null tendierte.

Es war in der Zeit kurz nach dem Zweiten Weltkrieg, als ich in Nürnberg im späteren Willstätter Gymnasium zur Schule ging. Da ergab es sich, dass ich meiner Mutter im Verlaufe eines Gesprächs sagte, dass ich alle diese Pseudowissenschaften, wie Graphologie, Astrologie oder Aus-der-Hand-Lesen, für reinen Quatsch halte. Daraufhin antwortete mir meine Mutter, dass man nie voreingenommen sein soll. Und über etwas zu urteilen, von dem man nichts versteht, das sei Voreingenommenheit in Reinkultur! Viel besser wäre es, ich würde mich kundig machen, um mich dann selber von der Richtigkeit oder Unrichtigkeit von Aussagen überzeugen zu können.

Daraufhin zeigte mir meine Mutter einige Merkmale, die man leicht aus der Hand eines Menschen herauslesen kann: beispielsweise die starken Hände zupackender Menschen, die konischen Finger einfühlsamer Menschen, die mehr rechteckige Fingerform von praktisch veranlagten Menschen und vieles mehr. Dann forderte meine Mutter mich auf, dieses Wissen anhand der Hände meiner Freunde und Bekannten zu erproben. Und tatsächlich, ich fand etliche Übereinstimmungen. Also musste doch was dran sein! Aber all das Esoterische interessierte mich trotzdem nicht sonderlich. Alles Technische und dann insbesondere die Physik interessierten mich viel mehr, sodass ich das meiste von dem, was mir meine Mutter gezeigt hatte, schon bald wieder vergessen hatte.

Das sollte sich ändern, nachdem meine Ehe im Verlaufe meines 64. Lebensjahres zerbrach und ich nach der Pensionierung allein nach Prien umgezogen war. Meinen Lebensabend alleine zu verbringen, das schien mir unmöglich zu sein. Also inserierte ich in Zeitungen und schrieb auf Zeitungsannoncen anderer Frauen. Aber als 60-Jähriger ist man ziemlich stark ausgeprägt. Da hat man seine Vorlieben und Interessen, die man weiter pflegen will. Und das gilt natürlich auch für die im vergleichbaren Alter befindlichen Frauen. Damals habe ich einem meiner Freunde mal gesagt: „Ich finde unter etwa 100 Frauen, die einen Mann suchen, höchstens eine Frau, die einigermaßen zu mir passt!" Auch habe ich an mir beobachtet, dass ich mit der Zeit bei der Einschätzung der verschiedenen Frauen zunehmend oberflächlicher wurde. Jetzt wurde es höchste Zeit, die Sucherei zu rationalisieren. *(Anmerkung: Die Internetvermittlung, die Paare gleicher Interessenlage zusammenführt, gab es damals noch nicht!).*

Da erinnerte ich mich wieder an die Aussage meiner Mutter, dass man in der Astrologie Hinweise über die Eigenschaften von unter bestimmten Tierkreiszeichen geborenen Menschen finden kann. In der Hoffnung, dadurch ein zusätzliches Auswahlkriterium zu finden, beschaffte ich mir dazu einschlägige Literatur. Dort fand ich dann heraus, dass zu einem im Zeichen des Widders geborenen Mann Frauen passen, die im Zeichen des Wassermanns, des Löwen oder des Schützen geboren sind. Das war jetzt ein hilfreiches Kriterium zur Vorsortierung der verschiedenen Annoncen. Diesen Auswahlkriterien verdanke ich es höchstwahrscheinlich, dass ich letztendlich jene Löwenfrau gefunden habe, mit der ich heute noch glücklich und zufrieden zusammenleben kann. Mir hat bei meiner Partnerwahl das klar gegliederte Buch von Suzanne White mit dem Titel „Neue Astrologie", erschienen im Heyne Verlag, sehr geholfen. Ich habe aber nie geglaubt, dass Sterne oder Horoskope künftige Ereignisse voraussagen können. Dass früher Könige oder Feldherren, wie zum Beispiel Wallenstein, vor einer Schlacht Horoskope in Auftrag gegeben haben, um zu erfahren, ob die Sterne ihrem Unternehmen günstig gesonnen sind, habe ich stets für blanken Unsinn gehalten.

Die Entwicklungsgeschichte der Astrologie

Die Wurzeln der Astronomie und der Astrologie verlieren sich im Grau der Vorzeit der Menschheitsgeschichte. Soweit wir wissen, haben die Menschen aller Kulturen den nächtlichen Sternenhimmel staunend und oft auch erstaunlich genau beobachtet. Die alten Ägypter, die Inkas – um nur einige zu nennen – unterschieden Lichtpunkte, die fix an derselben Stelle des nächtlichen Himmels standen, und solche Lichtpunkte, die sich oft auf unerklärlichen Bahnen zwischen den anderen Lichtpunkten hin und her bewegten.

Die ursprünglichen Gründe dürften nicht mehr feststellbar sein. Jedenfalls haben die Völker im westlichen Kulturkreis bestimmte Gruppen von fixen Lichtpunkten zu ihnen damals bekannten Figuren ihrer Umwelt „zusammengeschaut": Also etwa wenn man bestimmte Lichtpunkte am Himmel mit Strichen verbinden würde, so könnte das einen Wagen ergeben oder andere Lichtpunkte einen Löwen oder wieder andere Lichtpunkte könnten einen Bogenschützen ergeben oder wieder andere eine Schlange usw. So sind unsere noch heute in der Astrologie verwendeten Sternbilder entstanden. Sie haben etwas Ordnung in dem Gewirr von Lichtpunkten am nächtlichen Sternenhimmel gebracht. Mit diesen Sternbildern konnte man sich in der Fülle der Lichtpunkte am nächtlichen Himmel schneller orientieren. Auch hatte man schon sehr früh beobachtet, dass etliche dieser Sternbilder, auch Sternzeichen genannt, im Verlaufe eines Jahres immer in der gleichen Reihenfolge wieder am nächtlichen Sternenhimmel zu sehen waren.

Zwölf dieser Sternbilder haben in der westlichen Astrologie eine besondere Bedeutung erlangt und gehören zu den sogenannten Tierkreiszeichen. Es sind dies: Widder, Stier, Zwillinge, Krebs, Löwe, Jungfrau, Waage, Skorpion, Schütze, Steinbock, Wassermann und Fische. Aber trotz aller dieser Bemühungen hatten die Menschen bis in die Neuzeit hinein keine rechte Vorstellung davon, was diese Lichtpunkte am nächtlichen Himmel überhaupt sind. Erst nach dem Bau der ersten

Teleskope – etwa um 1610 n.Chr. – konnten Galilei und andere mit ihnen den nächtlichen Himmel genauer betrachten. Erst von da an begann das was man, nach meinem Verständnis, als wissenschaftliche Astronomie bezeichnen würde.

Die Astrologie hingegen ist viel älter als die wissenschaftliche Astronomie. Es ist überliefert, dass die uns bekannten Sternbilder bereits im alten Babylon (Blütezeit ca. 7. und 6. Jahrhundert v. Chr.) bekannt waren. Es scheint so zu sein, dass bereits damals typische Gemeinsamkeiten von unter einem bestimmten Sternzeichen geborenen Menschen gesehen wurden, die sich von den Gemeinsamkeiten von unter anderen Sternzeichen geborenen Menschen unterschieden. Und das auch dann, wenn diese Menschen nicht miteinander verwandt oder verschwägert waren. Daraus wurde geschlossen, dass die Sterne irgendwie einen Einfluss auf die unter diesem Sternzeichen geborenen Menschen ausüben können und unser Leben zukünftig beeinflussen können.

Diese Grundeinstellung habe ich auch heute noch in allen von mir zu Rate gezogenen astrologischen Büchern wiedergefunden. Auch sollen die Planeten unseres Sonnensystems Einfluss auf unser Leben haben. Dabei stützen sich die heute im Buchhandel erhältlichen astrologischen Bücher zweifellos auf ein inzwischen stark ausgeweitetes Erfahrungsmaterial. Wenn man heute den Zeitpunkt seiner Geburt, eventuell sogar deren Stunde sowie den Geburtsort eingibt, kann man einen computerisierten, erstaunlich detailreichen Ausdruck seiner tatsächlichen Eigenschaften bekommen. Wohlgemerkt: Es geht hierbei nicht um Zukunft oder zukünftige Ereignisse, sondern ausschließlich um die Verhaltenseigenschaften, also um die Art und Weise, wie man mit den im Leben auf einen zukommenden Aufgaben und Belastungen umgeht!

Also scheint es auf den ersten Blick, als haben die Sterne doch einen Einfluss auf die Menschen! Stimmt das nun? Oder stimmt das doch nicht? Um dieser Frage weiter nachzugehen, wollen wir im nachfolgenden Kapitel die heutigen Erkenntnisse der Astronomie zu Rate ziehen.

Welche Bedeutung den zwölf westlichen Tierkreiszeichen zukommt

Inzwischen wissen wir, dass die Sterne, die wir am nächtlichen Himmel sehen – auch wenn es so scheint, dass sie nahe beieinanderstehen –, meist in Blickrichtung sehr weit vor oder hinter dem scheinbaren Nachbarsternen stehen. Auch wenn zwei scheinbar nebeneinanderstehende Sterne gleich hell leuchten, so bedeutet das keineswegs, dass sie gleich weit von uns entfernt sind. Es könnte sein, dass der eine von ihnen sehr weit hinter dem anderen Stern steht und uns nur deshalb genauso hell zu sein scheint, weil er in Wirklichkeit sehr viel heller leuchtet als der uns näher stehende Stern. So können manche Sterne ein und desselben Sternzeichens 20 oder auch 500 000 Lichtjahre voneinander entfernt sein. *(Anmerkung: Das Licht legt im Vakuum des Weltraums ca. 300 000 km pro Sekunde zurück. In einem Jahr legt das Licht folglich 300 000 km x 60 x 60 x 24 x 365 = 946 000 000 000 km zurück. Diese gigantische Entfernung nennt man ein Lichtjahr!).* Wenn also Sterne ein und desselben Tierkreiszeichens in Blickrichtung gesehen mitunter 20 bis 500 000 Lichtjahre voneinander und von uns entfernt sind, dann können sie wahrlich nichts miteinander und mit uns zu tun haben!

Dazu wäre anzumerken, dass die Strahlungsstärke einer Lichtquelle dem quadratischen Abstandsgesetz gehorcht. Das heißt, dass sich die Strahlungsintensität bei Verdoppelung des Abstands auf nur noch ¼ und bei Verdreifachung des Abstands auf nur noch ⅑ des ursprünglich gemessenen Wertes ermäßigt. Das verdeutlicht, warum trotz der enormen Strahlungsstärken der Sterne infolge der riesigen Entfernungen nur noch mit den stärksten Teleskopen etwas – und das oft nicht einmal – zu sehen ist.

Und dann wäre dazu noch etwas anzumerken: Seit den Untersuchungen von Einstein wissen wir, dass sich nichts schneller bewegen kann als das Licht oder, genauer gesagt, die elektromagnetische Strahlung im Vakuum. Daraus folgt zwangsläufig, dass wenn sich in einem nur 500 Lichtjahre von uns entfernten Stern etwas ereignen sollte, wir das frühestens nach 500 Jahren sehen oder sonst wie merken können! **Also: Sind die Behauptungen der Astrologen, wonach die Sterne bzw. die Sternzeichen einen Einfluss auf die Menschen haben, doch nur dummes Gerede? Ja oder nein? Nein, denn das wäre zu kurz gedacht! Denn mit dummem Gerede würde man nicht so viele zutreffende Charakterisierungen in den vielen Horoskopen finden!** Steigen wir also im nächsten Kapitel weiter in die uns bekannte Astronomie ein!

Unser Sonnensystem

Es gehört heute zum elementaren Schulwissen, dass sich die Erde – wie die anderen Planeten unseres Sonnensystems auch – in einer nahezu kreisförmigen Bahn um die Sonne bewegt. Die Umlaufgeschwindigkeit der Erde beträgt dabei etwa 6 000 km pro Stunde! Um auf ihrer Bahn einmal um die Sonne zu fliegen, benötigt die Erde ein ganzes Jahr. Während dieser Zeit dreht sich die Erde 365-mal um ihre eigene Achse. Der Einfachheit halber vergessen wir jetzt, dass die Erdachse um 27 Grad gegenüber ihrer Bahnebene (= Ekliptik) geneigt ist. Denn das spielt für unsere nachfolgenden Betrachtungen keine Rolle. Wichtig für unsere Betrachtung ist hingegen, dass auf der jeweils der Sonne zugewandten Seite der Erde Tag ist und auf der der Sonne abgewandten Seite der Erde Nacht ist. Steht also jemand um Mitternacht am Äquator auf der der Sonne abgewandten Seite der Erde und schaut senkrecht in den Himmel, so ist seine Blickrichtung entgegengesetzt zur Richtung gerichtet, in der sich gerade die Sonne befindet. Er sieht im Zenit *(= Bereich des Himmels der senkrecht zur Erdoberfläche am Standort des Beobachters zu sehen ist)* des nächtlichen Himmels jene Sterne oder Sternzeichen, die auf einer gedachten geraden Linie liegen, die von der Sonne durch den Mittelpunkt der Erde bis zum mitternächtlichen Zenit liegen. Und das gilt für jeden Ort, auf dem sich die Erde auf ihrer nahezu kreisförmigen Umlaufbahn um die Sonne gerade zufällig befindet! Man betrachte hierzu die Abbildung 1, welche diese Situation für verschiedene Stellungen der Erde darstellt. Mit den Pfeilen ist die jeweilige Blickrichtung des um Mitternacht senkrecht in den Himmel schauenden Menschen dargestellt.

Wenn man sich diese Abbildung 1 ansieht, wird einem sofort klar, dass mit den um Mitternacht am Zenit stehenden Sternen oder Sternzeichen zugleich auch eine bestimmte Position der Erde auf ihrer Umlaufbahn um die Sonne verbunden ist. Denn nur an dieser einen Position der Erde auf ihrer Umlaufbahn um die Sonne steht dieser jeweilige Stern oder das jeweilige Sternzeichen um Mitternacht im Zenit des nächtlichen Sternhimmels. Auf den anderen Positionen der Erde auf ihrer Umlaufbahn um die Sonne sieht man um Mitternacht im Zenit andere Sterne oder Sterngruppen (siehe die Pfeile in der Abbildung 1). Also wird mit der Angabe des Tierkreiszeichens, das um Mitternacht am nächtlichen Himmel zu sehen ist, **zugleich** auch die genaue Position der Erde auf ihrer Umlaufbahn um die Sonne angegeben! Also ob es gerade Winter, Frühling, Sommer oder Herbst ist – nur viel genauer!

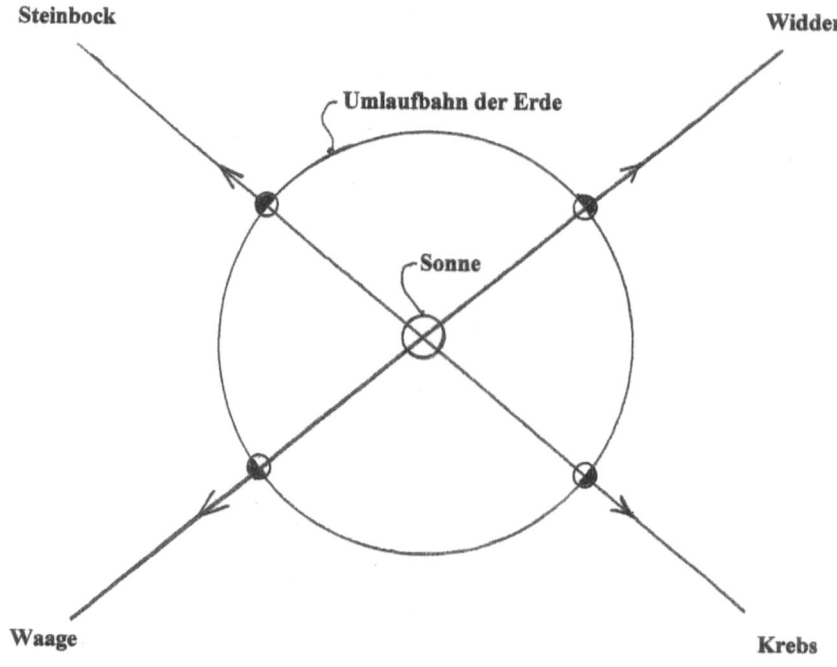

Abb.: 1

Meine Interpretationen

Aus dem oben Gesagten folgt in logischer Weise: **Die um Mitternacht im Zenit stehenden Sterne, Sternbilder oder Tierkreiszeichen definieren <u>zugleich</u> auch eine bestimmte Position der Erde auf ihrer Umlaufbahn um die Sonne!**

Und jetzt wird auf einmal klar, warum etwa im Tierkreiszeichen des Steinbocks geborene Kinder sich etwas anders entwickeln als Kinder, die beispielsweise im Tierkreiszeichen des Löwen geboren sind. Denn die im Zeichen des Steinbocks geborenen Kinder erblicken mitten im Winter, wenn es draußen kalt und unfreundlich ist, die Welt. Demgegenüber erblicken die im Zeichen des Löwen geborenen Kinder die Welt, wenn es angenehm warm ist, die Sonne vom Himmel lacht und überall die Vöglein zwitschern und die Blumen blühen und duften. Wenn das keinen Einfluss auf das Gemüt des Kindes haben soll, dann wüsste ich nicht was denn sonst! Selbst wir Erwachsenen wissen, wie warmes Sonnenscheinwetter unsere Stimmung im Gegensatz zu kaltem Regenwetter beeinflussen kann. Das dürfte erst recht für die viel empfindlicheren Babys gelten!

Und das ist bei weitem noch nicht alles! Wir wissen auch, dass der menschliche Körper bei Sonnenschein vermehrt Vitamin D bildet und dass folglich der Vitamin-D-Spiegel im Blut der werdenden oder stillenden Mutter im Sommer höher ist als im Winter.

Des Weiteren wissen wir, dass wir im Sommer viel mehr frisches Gemüse und frisches Obst essen und damit unserem Körper sehr viel mehr Vitamine, Nährsalze und Vitalstoffe aller Art zuführen als im Winter. Und das wirkt sich nicht nur unmittelbar auf den Fötus und das Kind aus, sondern auch auf die Mutter. Deren Blut, mit dem der Fötus versorgt wird, und auch deren Muttermilch enthalten im Sommer viel mehr Vitamine, Nährsalze und Vitalstoffe als im Winter. Diese reichlichere Versorgung der Mutter mit Vitalstoffen aller Art lässt deren Körper wahrscheinlich auch vermehrt mütterliche Aufbaustoffe und Abwehrstoffe gegen Krankheiten erzeugen, die dem Fötus oder Kind zugutekommen dürften.

Aber auch das ist keineswegs alles! Spätestens seit den bedauernswerten Kindern, deren Mütter während der Schwangerschaft Anfang der 60er Jahre das damalige Schlafmittel Contergan eingenommen hatten, wissen wir, dass ausgehend vom Zeitpunkt der Zeugung bestimmte Gene in genetisch festgelegten Abständen ein- bzw. ausgeschaltet werden. Diese ein- oder ausgeschalteten Gene lösen durch diesen Schaltvorgang jeweils einen weiteren Entwicklungsschritt im Fötus, im Kind oder im Jugendlichen aus. Sei es, dass sie vorherige Blockaden beenden oder aktiv bestimmte Entwicklungen in Gang setzen. Daher konnte man, wenn beispielsweise die Arme missgebildet waren, zurückverfolgen, in welcher Schwangerschaftswoche die Mutter das Contergan eingenommen hatte und damit die Aktivierung des betreffenden Gens blockiert hatte. Die Mediziner wissen heutzutage, in welcher Schwangerschaftswoche die einzelnen Organe oder Gliedmaßen angelegt werden. In der 36. Schwangerschaftswoche, also im 9. Schwangerschaftsmonat, leiten die Gene die Geburt des Kindes ein. In weiteren vorgegebenen Zeitabschnitten werden beispielsweise die Milchzähne, die endgültigen Zähne, die Erkenntnis der Eigenständigkeit, die Geschlechtsreife usw. durch die Gene eingeleitet. Das gilt übrigens auch für alle Tiere: So soll bei Hühnern das Küken am 7. Tage sehend werden. Hunde haben in der 10. bis 12. Woche nach ihrer Geburt ihre Sozialisierungsphase usw., usw.

Das bedeutet daher auch, dass mit dem Zeitpunkt der Zeugung für das ganze weitere Leben des Fötus im Mutterleib, des Kindes und des heranwachsenden Jugendlichen im Voraus unverrückbar auch schon feststeht, in welchem Jahr und in welchem Monat und Klima und unter welcher Versorgung mit den unterschiedlichsten Vitalstoffen die jeweiligen Entwicklungsschritte eingeleitet werden! Das ist neben der Vererbung von Teilen des Genoms der Eltern eine weitere ganz wesentliche Art von Vorbestimmung für die späteren Eigenschaften des neu entstehenden Menschen!

Gehen wir einmal der Einfachheit halber davon aus, dass eine reichliche Versorgung mit Vitalstoffen die Entwicklung des gerade aktivierten Organs oder Entwicklungsschrittes besonders fördert. Dann bedeutet das, dass je nach dem Zeitpunkt der Zeugung bestimmte Organe oder Entwicklungsschritte zu einem Zeitpunkt eingeleitet werden, an dem sie sich klimatisch bedingt besser oder weniger gut entwickeln können.

Zwei Beispiele

Ein erstes Kind ist Anfang Dezember gezeugt worden. Folglich kommt es neun Monate später, Anfang August, zur Welt. Es erblickt die Welt zu einem Zeitpunkt, wo es warm ist, die Sonne immer wieder lacht, die Vöglein zwitschern und alle Pflanzen voll Saft und Kraft stehen. Die Muttermilch ist folglich reich an Vitaminen und sonstigen Vitalstoffen. Und durch das viele Licht wird in der Haut reichlich Vitamin D gebildet usw. Es herrschen daher die besten Entwicklungsbedingungen. Die in dieser Zeit – es ist der 9. Monat – genetisch angestoßenen neuen Entwicklungsschritte werden sich besonders gut entwickeln. Sechs Monate später ist es Anfang Januar. Es ist unangenehm kalt, die Sonne ist meist hinter Wolken verborgen, alle Tiere verkriechen sich und suchen Schutz, die Bäume sind kahl, die Pflanzen wirken wie abgestorben, frisches Obst und Gemüse gibt es kaum mehr. Folglich ist auch die Muttermilch deutlich ärmer an Vitaminen und sonstigen Vitalstoffen. Auch die Haut bildet mangels Licht sehr viel weniger Vitamin D. Die in dieser Zeit – es ist der 15. Monat nach der Zeugung – von den Genen angestoßenen Entwicklungsschritte werden sich folglich nicht so optimal entwickeln können wie jene, die vorher im August angestoßen wurden.

Ein zweites Kind kommt sechs Monate später, Anfang Januar, zur Welt. Hier verhält es sich nun genau umgekehrt wie beim ersten Kind. Die im 9. Monat von den Genen angestoßenen Entwicklungsschritte entwickeln sich, weil es Winter ist, nicht so optimal. Dafür entwickeln sich die im 15. Monat von den Genen angestoßenen Entwicklungsschritte, weil es jetzt Sommer ist, besonders optimal. Und diese Unterschiede setzen sich **für alle** von den Genen zu bestimmten Zeitpunkten ab der Zeugung angestoßenen Entwicklungsschritte vom Tag der Zeugung bis zur Geschlechtsreife fort.

Natürlich ist es nicht ganz so einfach wie in den beiden obigen Beispielen angenommen worden ist. So etwa, dass eine besonders reichliche Versorgung mit Vitalstoffen immer nur Vorteile haben muss. Überdosierungen können auch schädlich sein! Auch kann der Körper der Mutter vorübergehende Mangelzustände ausgleichen. Kühlere Tage sind keineswegs nur nachteilig. Sie fördern zum Beispiel die Abhärtung und spätere Widerstandsfähigkeit des Kindes usw. Wegen der ungeheuren Vielfalt der genetisch angestoßenen Entwicklungsschritte eines Menschen einerseits und der Vielfalt der klimatisch bedingten Einflussgrößen auf den Menschen andererseits ist dieses ganze Gebiet äußerst komplex und unübersichtlich. Das lässt an eine Äußerung einer bekannten Astrologin erinnern. Diese hatte gesagt: „**Es gibt keine guten oder schlechten Tierkreiszeichen! Jedes hat seine Vor- und Nachteile!**"

Astrologie und Erziehung

Aber die Tierkreiszeichen, unter denen Menschen geboren werden, haben nicht nur Einfluss auf die Eigenschaften des jeweiligen Menschen, sondern haben in Verbindung mit den Zeitpunkten, an denen die einzelnen Gene des jeweiligen Menschen ein- oder auch abgeschaltet werden, auch Einfluss auf die spätere Erziehung und Entwicklung des Menschen.

Denn für die Erziehung und Entwicklung eines Menschen sind im Wesentlichen die nachfolgenden sechs Einflussfaktoren bestimmend. Es sind dies:

1. Das bei der Zeugung mitgegebene Erbgut. Grob gesprochen wird dadurch ein organisches und damit auch intellektuelles Entwicklungspotential vorgegeben.
2. Der Zeitpunkt der Zeugung. Durch ihn werden mehr oder weniger förderliche klimatische (= im weitesten Sinn des Wortes) Umweltbedingungen für nahezu alle Entwicklungsschritte vorgegeben (siehe Abschnitt „Meine Interpretationen").
3. Das häuslich-elterliche Umfeld, in dem die Kinder aufwachsen und ihre erste Grunderziehung erhalten. In diese Zeit, in der das häuslich-elterliche Umfeld bestimmend ist – also von der Geburt bis zum Schulabschluss –, fallen alle jene genetisch angestoßenen Entwicklungsschritte, die für die Entwicklung des Urvertrauens, für die Entdeckung des eigenen Ichs als eigenständige Persönlichkeit, für die menschliche Wärme und Liebesfähigkeit, für die Hilfsbereitschaft, für das Pflichtbewusstsein, für die Aufrichtigkeit, für die Rücksichtnahme auf die Interessen anderer Menschen und für alle sonstigen zwischenmenschlichen Eigenschaften wichtig sind. Hier werden auch die Grundlagen für spätere intellektuelle Interessen und Entwicklungen aller Art gelegt.
4. Die Ausbildung in Schule, Studium und Beruf.

5. Das Umfeld von Freunden und Bekannten. Ihr Einfluss kann auf einen jungen, in seinem Selbstverständnis noch nicht gefestigten Menschen sowohl im Guten als auch im Schlechten erheblich sein!
6. Die Selbsterziehung des Menschen. Jeder Mensch hat die Möglichkeit, seine Schwächen und Stärken selbst oder mit Hilfe guter ehrlicher Mitmenschen zu erfahren. Ist das geschehen, so kann er sich selbst erziehen. Dieser Weg, der immer jedem offen steht, erfordert aber ein hohes Maß an intellektueller Reife und Disziplin.

Kommen wir nun zurück zu Position 3, dem häuslich-elterlichen Umfeld: Wenn zum Beispiel elterliche Erziehungsanstöße zu früh kommen, weil die entsprechenden Gene noch nicht ein- oder abgeschaltet sind, so können diese elterlichen Erziehungsanstöße vom Kind noch nicht angenommen bzw. verstanden werden. Sie bleiben daher wirkungslos.

Kommen diese Erziehungsanstöße zeitgleich mit der Aktivierung der jeweiligen Gene, so werden sie freudig angenommen und bleiben für das weitere Leben prägend. Wenn das Kind beispielsweise im Alter von etwa drei Jahren zeigen will, was es schon alles kann, dann ist das das Zeichen, dass der Zeitpunkt gekommen ist, dem Kind zu zeigen, wie es schon der Mutter diese oder jene – dem Alter angemessene – Arbeit abnehmen kann. Dann wird das Kind diese Anregung gerne annehmen und von nun an auf sein neues Können und das damit verbundene Lob zu Recht stolz sein. Die Grundlagen für spätere Hilfsbereitschaft und für die Freude, die mit mehr Können und Lernen verbunden sind, werden so gelegt. Oder wenn das Kind erstmals in die Schule geht und von der Schule aufgegebene Schulaufgaben zu Hause zu erledigen hat, dann spätestens ist der Zeitpunkt gekommen, dem Kind beizubringen, dass erst die Pflicht – nämlich die Schularbeiten so gut und gewissenhaft wie möglich zu machen – und dass erst danach das Vergnügen bzw. das Spielen kommt. Dann wird so eine Haltung zur selbstverständlichen Gewohnheit, die dem Kind sein ganzes Leben lang von Vorteil sein wird.

Kommt die Erziehungsmaßnahme zu spät, dann sind andere Gene für andere Eigenschaften aktiviert, die die Aufmerksamkeit des Kindes voll beanspruchen, und die überfällige Erziehungsmaßnahme kann nur noch über den Verstand, mehr oder weniger oberflächlich, aufgenommen werden. Ganz deutlich können wir das zum Beispiel bei Hunden erleben: Hunde haben zwischen der 10. und 12. Lebenswoche ihre Sozialisierungsphase. In der Familie, wo sie sich in diesem Zeitabschnitt befinden, werden sie sich ihr ganzes Leben lang zu Hause fühlen. Verschenkt man den Hund danach an jemand anderen, so wird er immer wieder versuchen – auch unter Lebensgefahr – seine alte Familie wiederzufinden. Die Bindung an die neue Familie kann nie mehr so eng sein, wie sie es bei der alten Familie war! Meine Familie hat da ein aus Unkenntnis erzeugtes regelrechtes Hundedrama erlebt. Ein ähnliches Verhalten kennt man aus dem Buch von **Konrad Lorenz** auch von Gänsen.

Alle menschlichen Eigenschaften, die zeitgerecht mit der Aktivierung der entsprechenden Gene angestoßen werden, bleiben lebenslang prägend. Sie werden vom betreffenden Menschen als selbstverständlich empfunden. Und sie werden nicht als Beschränkung ihrer Freiheit wahrgenommen. Das ist genauso wie beim Erwachsenen, bei dem das Fahren auf der rechten Straßenseite vorgeschrieben wird. Diese Verkehrsregel wird auch nicht als Freiheitsbeschränkung wahrgenommen werden. Sie erleichtern den Verkehr ganz beträchtlich und machen ihn zudem weniger gefährlich. Auch Höflichkeit und gutes Benehmen sind nichts anderes als die Verkehrsregeln, nur dass sie sich auf den zwischenmenschlichen Verkehr beziehen. Mit Höflichkeit erreicht man für gewöhnlich mehr und das auch noch mit weniger Ärger. Wenn die Kinder das nicht zeitgerecht mit dem erstmaligen Aufbau einer Kommunikation mit Mutter und Vater als selbstverständlich lernen, werden sie als Rüpel oder Proleten aufwachsen und zu Recht menschlich und beruflich benachteiligt sein. Und dann nützt es nicht viel, wenn sie immer dann, wenn sie gerade etwas von jemand anderem erreichen wollen, sich rein verstandesmäßig vornehmen, besonders höflich zu sein.

Auch wenn man es den Kindern durchgehen lässt, dazwischenzureden, wenn Erwachsene miteinander sprechen, tut man den Kindern und sich selbst keinen Gefallen. Erzieht man die Kinder von Anfang an dazu, abzuwarten, bis die anderen Menschen ausgeredet haben, so erreicht man gleich mehrere Vorteile. Die Kinder müssen zuhören, was die anderen sich zu sagen haben, um zu wissen, wann diese endlich ausgeredet haben. Dabei kriegen die Kinder im Laufe der Jahre vieles von dem mit, **was** sich die Erwachsenen so sagen und **wie** sie ihre Interessen vorbringen. Auch lernen sie so sich in die Interessen einzufühlen, die den jeweils anderen Menschen bewegen. Und sie lernen zugleich, wie man die eigenen Interessen mit den Interessen der Gegenseite verbinden kann, um so sein Anliegen besser durchzubringen. Schließlich lernen sie so ganz nebenbei, sich zu beherrschen und sich zu merken, was man ursprünglich sagen wollte. So werden diese Kinder später aufmerksamer und verständnisvoller durch die Welt gehen als andere Kinder, bei denen man aus falsch verstandener Rücksichtnahme das alles hat durchgehen lassen. Leider kennen die wenigsten Eltern den Zeitpunkt, von dem an sie die jeweiligen Entwicklungsschritte fördern sollten. Und verpassen die Eltern diese Zeitpunkte oder lassen sie den Kindern alles durchgehen, so gilt das alte deutsche Sprichwort: **„Was Hänschen nicht lernt, lernt Hans nimmermehr!"**

Dazu gehört es auch, dem Kind das altersgerechte Spielzeug zur Verfügung zu stellen. Das ist besonders bei Jungen von Bedeutung: Möglichst einfache, vielseitig verwendbare Bausteine (zum Beispiel rechteckige Holzklötze) regen die Phantasie und das Nachdenken des Kindes an. Was will ich jetzt bauen? Das Gegenteil bewirken Bausteinsätze, die, womöglich noch nach mitgeliefertem Plan, nur zu einem einzigen naturgetreuen Objekt (Flugzeug, Auto) zusammenzusetzen sind! Einmal zusammengebaut sind sie – außer zum Anschauen – dann nicht mehr zu gebrauchen! Sie ersticken zudem beim Kind den Wunsch, mit einfachen Bausteinen oder Bauelementen den gleichen Gegenstand zu bauen. Denn das Ergebnis wäre voraussehbar weniger schön als der mit dem fertigen Bausatz nachgebaute Gegenstand. Dabei wäre der Lerneffekt umgekehrt viel größer! Ab zehn Jahren sind für Jungen einfache Metallbaukästen bestehend aus geraden und gewinkelten gelochten Blechstreifen mit Schrauben und Muttern, eventuell auch (Ketten-)Rädern und Achsen das Spielzeug der Wahl. Mit diesen Elementen kann man fast alles machen und dabei sehr viel lernen!

Aber nicht nur durch ihre rechtzeitigen Erziehungsanstöße erziehen die Eltern ihre Kinder. Die Kinder schauen sich auch enorm viel von dem Verhalten ihrer Eltern ab und übernehmen dieses Verhalten weitgehend. Diese Vorbildfunktion wird von den meisten Eltern unterschätzt. Daher werden die Grundlagen für die spätere Hilfsbereitschaft, das Pflichtbewusstsein, das Bildungsinteresse, die Höflichkeit, die Einfühlsamkeit in andere Menschen und damit auch die Voraussetzung für spätere Beliebtheit und beruflichen Erfolg von den Eltern im ersten Jahrzehnt des Kindes entscheidend beeinflusst. Alle späteren unter den Positionen 4, 5 und 6 genannten Einflussfaktoren sind deutlich weniger bedeutend. Die meisten Kinder leiden an der inkompetenten Erziehung ihrer eigenen Eltern. Die aus England hereingeschwappte sogenannte „antiautoritäre Erziehung" hat hier viel Unheil angerichtet. Sie war nur als Antwort auf die in England um ein Vielfaches autoritärere Erziehung, als das je in Deutschland üblich war, gedacht. **Die Autorität der Eltern gründet mit zunehmendem Alter der Kinder immer weniger auf Gewalt und immer mehr auf Wissen, Bildung, Klugheit und Hilfsbereitschaft.**

Was noch anzumerken wäre

In den bisherigen Ausführungen haben wir uns ausschließlich mit den in der westlichen Astrologie als bestimmend angesehenen zwölf Sternzeichen – auch Tierkreiszeichen genannt – befasst. Dabei hat es sich ergeben, dass diese Sterne oder Sternzeichen selbst keinerlei Einfluss auf die Menschen haben können. Aber zugleich haben wir herausgefunden, dass mit der Benennung eines um Mitternacht am Zenit stehenden Sterns oder Sternzeichens auch eine exakte Position unserer Erde auf seiner Bahn um die Sonne benannt ist. Und das wiederum ist eine Bestimmung des zu diesem Zeitpunkt herrschenden Klimas. Und das Klima, das zum Zeitpunkt der genetisch angestoßenen einzelnen Entwicklungsschritte eines Menschen herrscht, hat – wie ebenfalls gezeigt wurde – äußerst vielfältige Einflüsse auf den werdenden Menschen.

Nun ist in der Astrologie nicht nur von den Sternen und den Sternzeichen, sondern auch von unseren Planeten Merkur und Venus sowie Mars, Jupiter und Saturn sowie von unserem Mond die Rede. Diese Himmelskörper sind allesamt der Erde so nahe, dass sie die Erde beeinflussen. Das geschieht zum einen durch ihre Gravitationskraft. Es ist allgemein bekannt, dass der Mond im Zusammenspiel mit der Sonne für Ebbe und Flut verantwortlich ist. Zusätzlich verformen diese Gezeitenkräfte nicht nur die Meeresoberfläche, sondern auch die Erdoberfläche. Letztere hebt und senkt sich infolge der Gezeitenkräfte um ca. 1 m. Außerdem zerrt der Mond über seine Gravitationskraft ständig an der Erde. Mond und Erde rotieren um ihren gemeinsamen Schwerpunkt. Dieser liegt etwas oberhalb der Erdoberfläche. Das hat zur Folge, dass die Bahn der Erde um die Sonne wellenförmig onduliert ist. Und damit verändert sich auch der Abstand der Erde von der Sonne in diesem monatlichen Rhythmus.

Ähnliche Auswirkungen, nur viel schwächer, dürften die Gravitationskräfte der Planeten Merkur und Venus sowie Mars, Jupiter und Saturn haben. Dies gilt besonders dann, wenn diese wieder einmal paarweise auf der gleichen Seite der Erde stehen. Bei den sonnennahen Planeten Merkur und Venus kommt noch ein weiterer Effekt hinzu. Wenn sie von Zeit zu Zeit mal zwischen Erde und Sonne passieren, decken sie für diese kurze Zeit einen winzig kleinen Teil der Sonneneinstrahlung auf die Erde ab.

Einen weiteren Einfluss könnten die Protuberanzen der Sonne haben. Die dabei von der Sonnenoberfläche herausgeschleuderten elektrisch geladenen Teilchen sind für die Polarlichter verantwortlich. Im Extremfall können sie den Funkverkehr erheblich stören. Diese Protuberanzen, die auf der Sonnenoberfläche als Flecken erkenntlich sind, nehmen derzeit im Verlaufe eines elfjährigen Zyklus zu und wieder ab. Die Ursache für diese Schwankungen der Aktivität der Sonne ist derzeit unbekannt.

Aber alle diese in diesem Abschnitt angesprochenen Einflussfaktoren sind verschwindend klein gegenüber den in den vorigen Abschnitten behandelten durch die Erdumlaufbahn um die Sonne erzeugten klimatischen Einflussgrößen. Daher halte ich ihre Berücksichtigung in der Astrologie für weniger wichtig. Vielmehr genügt – nach meiner Auffassung – die detaillierte Analyse der durch die Umlaufbahn der Erde um die Sonne bedingten jahreszeitlichen klimatischen Gegebenheiten auf unserer Erde und ihre zeitliche Korrelation mit den im Zeittakt unserer Gene eingeleiteten Entwicklungsschritten vollkommen, um die dadurch mehr oder weniger geförderten Ausbildungen der vielfältigen menschlichen Eigenschaften zu erklären.

Die Ergebnisse und Aussagen, die im Rahmen der Astrologie gemacht werden, beruhen ja ganz überwiegend auf gesammelte empirische Erfahrungen. Sie nötigen dem heutigen Nutzer dieser Erfahrungen einen hohen Respekt für die genaue Beobachtungsgabe dieser frühen Menschen ab. Nach meiner Auffassung bringt es aber wenig an Aussagegenauigkeit, wenn man die Anzahl der kleinen möglichen Einflussgrößen, wie zum Beispiel der Planeten, weiter verfeinert. Denn die größte Quelle von Ungenauigkeiten ist und bleibt die genaue empirische Bewertung der Eigenschaften der beobachteten Menschen und ihre Unterscheidung von den jeweils ererbten Eigenschaften.

Bei alldem darf nicht vergessen werden, dass die Eigenschaften eines Menschen in erster Linie durch das von den Eltern übernommene Erbgut bestimmt wird. Dieses Erbgut bestimmt die organischen und somit auch gesundheitlichen und intellektuellen Kapazitäten des heranwachsenden Menschen. Astrologische Einflüsse können nur auf diese ererbten Kapazitäten mehr oder weniger fördernd einwirken. Später können dann die elterliche Erziehung, die Erziehung durch Schule und Studium und die Beeinflussung durch Freunde und das berufliche und mediale Umfeld weiter fördernd oder auch verschüttend einwirken.

Chinesische Horoskope

Neben den sogenannten westlichen bzw. europäischen Horoskopen gibt es auch noch chinesische Horoskope. Diese unterscheiden sich grundlegend von den europäischen Horoskopen. Sie richten sich nicht nach Sternzeichen, sondern haben einen Zyklus von jeweils zwölf Jahren, in welchem sie jedes Jahr einem symbolischen Tier zuordnen. Es sind dies folgende Symbole: Ratte, Ochse, Tiger, Katze, Drache, Schlange, Pferd, Ziege, Affe, Hahn, Hund und Schwein. Den in diesen Jahren geborenen Menschen sowie den in diesen Jahren zu erwartenden Ereignissen ordnen sie empirisch gewonnene Eigenschaften zu. Außerdem unterteilen die Chinesen alle Begriffe in Yin oder Yang. Das wird so ähnlich empfunden wie männlich oder weiblich. Dabei soll Yin mehr ein Sonnenzeichen sein, das zur Dunkelheit führt, und Yang soll mehr ein Erdzeichen sein, das zum Licht führt.

Ich erwähne das nur der Vollständigkeit halber. Offenbar gibt es noch andere unbekannte Einflussfaktoren, die einen zwölfjährigen Zyklus haben. Der Zyklus der Sonnenaktivitäten kann es nicht sein, weil deren Zyklus eine Periode von nur elf und nicht von zwölf Jahren umfasst. In dem eingangs bereits erwähnten Buch „Neue Astrologie" von Suzanne White werden u.a. auch die Aussagen gemäß dem europäischen Tierkreiszeichen mit den Aussagen gemäß den chinesischen Jahreszyklen kombiniert. Das hat – soweit ich das an nur sehr wenigen (nicht repräsentativ) Menschen vergleichen konnte – eine zusätzliche Präzisierung der gemachten Aussagen gebracht. Also scheinen auch die chinesischen Horoskope einen realen Hintergrund zu haben. Für mich bleibt es aber ein Rätsel, welchen zwölfjährigen Ereigniszyklus man dafür als ursächlich finden kann.

Überprüfungsmöglichkeiten

Wenn meine Aussage, wonach nicht die Sterne, sondern die zeitlichen Veränderungen des irdischen Klimas während der Entwicklung des gezeugten Menschen letztendlich für die typischen Eigenschaften von unter den jeweiligen Tierkreiszeichen geborenen Menschen verantwortlich sind, dann müssten die entsprechenden Eigenschaften bei auf der Südhalbkugel der Erde aufwachsenden Menschen um sechs Monate gegenüber jenen, die auf der Nordhalbkugel aufgewachsen sind, verschoben sein. Leider habe ich altersbedingt keine Möglichkeit mehr, das zu überprüfen! Auch dürften dann in tropischen Gebieten ohne nennenswerte klimatische Schwankungen die typischen Eigenschaften von unter verschiedenen Sternzeichen aufgewachsenen Menschen weitgehend verwischt sein!

Zusammenfassung

Ausgehend von der in der gängigen astrologischen Literatur vertretenen Auffassung, dass alles irdische Geschehen, insbesondere das Menschenschicksal, von den Sternen abhänge und dass man aus der Konstellation der Sterne menschliche Schicksale voraussagen könne, haben die Ausführungen in diesem Büchlein klar aufgezeigt, dass die Sterne – mit Ausnahme unserer Sonne und deren Planeten inklusive unseres Mondes – infolge ihrer riesigen Entfernungen von der Erde keinerlei Einfluss auf die Entwicklung und das künftige Schicksal eines Menschen haben können. Diese Aussage setzt jedoch die derzeitigen Positionen der Sterne und Galaxien voraus. Sollten im Verlaufe von vielen Jahren andere Himmelskörper unserem Sonnensystem oder unserer Erde zu nahe kommen oder im Verlaufe von vielen Milliarden Jahren ganze Galaxien wie zum Beispiel die Kleine Magellansche Wolke mit unserer Milchstraße kollidieren, dann sind Katastrophen von ganz anderen Ausmaßen zu erwarten.

Aber alle diese inneren und äußeren Einflussgrößen beeinflussen nur die Eigenschaften des werdenden Menschen. Das sind seine Art und Weise, wie er mit den schicksalhaft auf ihn zukommenden Situationen, Belastungen und Aufgaben umgeht oder zurechtkommt. Mit den zukünftig schicksalhaft auf ihn zukommenden Situationen, Belastungen und Aufgaben selbst aber hat das alles nichts zu tun. Eine Voraussage des Schicksals eines Menschen halte ich daher für blanken Unsinn! Allerdings wird ein dynamischer und aktiver Menschentyp bestimmte kritische Situationen besser meistern können als andere Menschentypen! Dafür wird ein eher zäher Menschentyp nicht abänderbare Situationen besser durchstehen können als andere Menschentypen usw., usw. Daraus folgt, dass auch wenn das jeweilige Schicksal eines Menschen grundsätzlich nicht vorhersehbar ist, dennoch vorausgesagt werden kann, dass der eine Mensch damit wahrscheinlich besser oder schlechter umgehen kann als der andere Mensch.

Ausblick

Ursprünglich sollte dieses Taschenbuch mit dem vorigen, „Zusammenfassung" titulierten Kapitel enden. Denn mit diesem Kapitel schien alles gesagt und auch begründet, was gemäß dem Vorwort dieses Taschenbuchs zu sagen und zu begründen war. Doch beim Schreiben an dem „Chinesische Horoskope" titulierten Kapitel wurde deutlich, dass da noch etwas Bedeutendes fehlte.

Denn wenn man die chinesischen Horoskope nicht von vornherein allesamt als Quatsch abtun will – wozu es genauso wenig Anlass gibt wie bei den westlichen bzw. europäischen Horoskopen –, so fehlt uns hier jeder Hinweis auf einen zwölfjährigen Zyklus. Denn da wir in einer streng kausalen Welt leben, muss es eine Ursache für diesen zwölfjährigen Zyklus in den chinesischen Horoskopen geben. Denn selbst wenn dieser zwölfjährige Zyklus nur nicht so genau bestimmt worden wäre, so würden die gewonnenen empirischen Erfahrungen schon nach wenigen Jahrzehnten nicht mehr stimmen bzw. einander widersprechen. Gleiches würde gelten, wenn der ursächliche Zyklus zwar korrekt erkannt, aber nicht stabil ist und sich inzwischen in einen beispielsweise elfjährigen Zyklus verwandelt haben würde. Andererseits kennen wir das nähere Umfeld in unserem Sonnensystem inzwischen so gut, dass es mich wundern würde, wenn wir darin einen zwölfjährigen Zyklus übersehen hätten. Zyklen in anderen Sternsystemen schließe ich dagegen, auf Grund der im Kapitel über die Bedeutung der zwölf westlichen Tierkreiszeichen genannten Entfernungsangaben, aus.

Eine Abschätzung aller in Galaxien, wie etwa in unserer Milchstraße, vorhandenen Sterne, Planeten, Monde und sonstigen Himmelskörper enthaltenen Massen hat ergeben, dass alle diese vielen Himmelskörper nur etwa 20 Prozent der tatsächlich vorhandenen Massen ausmachen. Um die Rotationsgeschwindigkeiten der Galaxien erklären zu können, müssten dort in der jeweiligen Galaxie fünfmal so viele Massen vorhanden sein! Die Astronomen haben sich entschlossen, diese 80

Prozent unsichtbarer Materie als dunkle Materie zu bezeichnen. Es ist daher nicht ausgeschlossen, dass diese dunkle Materie uns in Zukunft noch die eine oder andere Überraschung – vielleicht auch einen zwölfjährigen Zyklus – bieten wird!

Vom gleichen Autor bei BoD erschienen (unter dem Namen „Esto"):

Der gemeingefährliche Vorderradantrieb bei Automobilen
ISBN 978-3-8391-9292-4

www.ingramcontent.com/pod-product-compliance
Lightning Source LLC
Chambersburg PA
CBHW030517220526
45464CB00006B/2844